Vincent Nikolai

Braunkohletagebau am Beispiel des rheinischen Braunkohlereviers

GRIN Verlag

Bibliografische Information der Deutschen Nationalbibliothek:

Die Deutsche Bibliothek verzeichnet diese Publikation in der Deutschen National-
bibliografie; detaillierte bibliografische Daten sind im Internet über http://dnb.d-
nb.de/ abrufbar.

Impressum:

Copyright © 2013 GRIN Verlag GmbH
Druck und Bindung: Books on Demand GmbH, Norderstedt Germany
ISBN: 978-3-656-46677-2

Dieses Buch bei GRIN:

http://www.grin.com/de/e-book/230245/braunkohletagebau-am-beispiel-des-rhei-
nischen-braunkohlereviers

Inhaltsverzeichnis

1. Bedingungsanalyse

1.1 Pädagogische-soziale Voraussetzungen

Der Grundkurs Erdkunde der 11. Klasse des Geschwister-Scholl Gymnasiums in Mülheim befindet sich im 1. Quartal des Schuljahres. Das Gymnasium umfasst 622 SuS, von denen 421 deutscher Herkunft sind, sowie 201 SuS mit Migrationshintergrund. Die Zusammensetzung der Schülerschaft fördert auf der einen Seite die kulturelle Heterogenität, führt aber teils auch zu sprachlichen Barrieren und erfordert die Förderung der Integration. Die Klasse selbst hat 18 SuS, davon 30 % SuS mit Migrationshintergrund. Außerdem befinden sich 8 Mädchen und 10 Jungen in der Klasse. Die Schülerinnen und Schüler (im Folgenden SuS) befinden sich gerade zu Beginn der Qualifikationsphase in einem neuen Grundkurs. Keiner der SuS hat einen sonderpädagogischen Förderbedarf. Die Stundenzeit beträgt 90 Minuten, sie ist im Stundenplan in der dritten und vierten Stunde verortet. Die vorhergehenden Stunden waren die SuS im Sportunterricht. Durch die bisherigen Erfahrungen ist davon auszugehen, dass die SuS anfangs unruhig sind, was durch einen motivierenden und gezielten Einstieg genutzt werden kann. Die Klasse weist eine sehr heterogene Struktur auf, dies erfordert eine „gezielte Differenzierung, Individualisierung und Flexibilisierung des Unterrichts" (Haubrich 2006, S. 254). Die Heterogenität bezieht sich auf die Lernbedürfnisse, die Lernfähigkeit und die Lernbereitschaft der Schüler, so gibt es hochmotivierte, aber auch zu motivierende SuS.

Da ich die Stufe bereits länger unterrichte, habe ich umfangreiche Kenntnisse zu ihren Lernvoraussetzungen sammeln können, was z.B. Lernmotivation, Lernstand, Lerntempo, methodisches Wissen etc. betrifft. Die Verortung der Schule in Köln hat dabei sowohl Vor-, als auch Nachteile. Die SuS haben bereits ein schulisches Vorwissen zu dem Thema der Rohstoffförderung, welches durch ihre Lebenswelt ergänzt wird. Dies ist allerdings auch davon vorgeprägt, dass Elternteile ihre Arbeit im Bereich des Braunkohletagebaus haben. Des Weiteren ist die Schülerschaft stark differenzierten Sozialisationsbedingungen unterworfen und ist multikulturell geprägt. Dies erfordert Feingefühl bei der Vorgehensweise, aber auch bei der inhaltlichen Zielrichtung des Unterrichts, um keinen SuS auszuschließen, sondern zu integrieren. Trotz der starken Disparitäten der Schülerschaft ist in der Klasse ein angenehmes Klima vorhanden. Vor allem bei für SuS interessanten Themen ergeben sich immer wieder intensive Diskussionen.

Bis auf die Begrüßung gibt es in der Klasse keine festen Rituale, was auch mit dem Alter der SuS zusammenhängt. Des Weiteren gibt es zwei gewählte Schülervertreter. Der Kontakt zu den Eltern findet in der Regel am Elternsprechtag statt, zudem gibt es die Möglichkeit auch während des Schuljahres in eine Sprechstunde zu kommen.

1.2 Stofflich-Methodische Voraussetzungen

Der Kurs befindet sich zu Beginn der Qualifikationsphase. Ziel ist es, die während der Sekundarstufe I erworbenen Kompetenzen zu vertiefen, auszubauen und die SuS auf das Zentralabitur vorzubereiten.
Das Thema des Kurses befindet sich inhaltlich im Komplex des Mensch-Umwelt Systems. Die SuS wurden bereits im Verlauf der Sekundarstufe I mit diesem Thema konfrontiert und besitzen grundsätzliche Vorerfahrungen. Des Weiteren sind sie mit den gängigen Unterrichtsmethoden des Faches Geographie vertraut, diese werden im Verlauf der Qualifikationsphase diversifizierter und differenzierter, dies betrifft auch den Umgang mit den Kompetenzen.

1.3 Räumliche Voraussetzungen

Der Kursraum befindet sich im 1. OG und ist auf den Pausenhof ausgerichtet. Der Unterricht wird nicht durch Bauarbeiten oder ähnliches von außen gestört werden. In den Nebenräumen befinden sich weitere Kursräume der Oberstufe, so dass auch von diesen Räumen keine Störungen zu erwarten sind.

1.4 Materielle Voraussetzungen

Die materiellen Voraussetzungen an der Schule sind gut. Vor allem die jeweiligen Kursräume sind sehr gut ausgestattet mit Whiteboards, umfangreicher Schulbuch- und Atlassammlung, und einem Computer. Zudem verfügt der Raum über einen Beamer, so dass Anschauungsmaterial auch über den Computer genutzt werden kann. Overheadprojektoren sind nicht in jedem Raum vorhanden, sie können nach Absprache verwendet und genutzt werden. Außerdem ist ein Globus im Erdkundekursraum vorhanden. Die Schule verfügt über einen Kartenraum und über eine

Schüler- und Lehrerbibliothek. Weitere Unterrichtsmaterialen (bis auf Kopien) müssen vom Lehrer eingebracht werden.

1.5 Leitbild der Schule

Das Gymnasium ist eine der ältesten Schulen in Mühlheim und ist eng verbunden mit Köln und seiner Geschichte. Des Weiteren wurde in den letzten Jahren ein neues Leitbild unter dem Motto „Arts and Sciences" eingeführt. Die SuS können ab der siebten Klasse Wahlkurse wählen, die durch Workshops, Arbeitsgruppen etc. ergänzt werden. Dabei wird eng mit der Universität Köln zusammengearbeitet. Das Gymnasium sieht es als Lehrauftrag, die Schüler optimal auf ein späteres Studium vorzubereiten. In diesem Zusammenhang wurde das Leitbild entwickelt und soll den Schülern einen ersten Einblick in ein mögliches Studium eröffnen soll. Arts & Sciences soll den Schülern frühzeitig helfen, einen Studienwunsch zu definieren und somit nicht nur die Hochschulreife zu erreichen, sondern sich auch erste Gedanken über einen späteren Studienwunsch zu machen.

2. Sachanalyse

2.1 Die Entstehung von Kohle

Kohle geht in der Regel aus Torf hervor. Torf ist die häufigste Ablagerung von Mooren und entsteht vor allem in Deltaregionen großer Flüsse in den subtropisch-tropischen Klimaregionen, z.B. der Mündungsbereich des Orinco in Venezuela. Es entsteht aus organischem Material, z.B. von Bäumen, Gräsern, Sträuchern, das sich in den Mooren sammelt. Der Begriff der Inkohlung beschreibt die physikalischen und chemischen Prozesse, bei denen unter Anreicherung von Kohlenstoff Kohle entsteht. Die Inkohlung beginnt nach der Überlagerung mit verschiedenen Sedimenten und dem luftdichten Verschluss. Sie wird in zwei Phasen untergliedert, die geochemischen Phase und die biochemischen Phase. In der ersten Phase werden Lignin und zellulose Pilze und Bakterien in Huminstoffe umgewandelt. In der geochemischen Phase bilden sich durch die Erdwärme Mineralstoffe aus den

organischen Substanzen und Kohle entsteht (Bahlburg/Breitkreuz 2008, S. 173 f.).
Am Ende der Mineralienbildung setzt sich Kohle wie folgt zusammen:

- 55-75 % Kohlenstoff
- 21-36 % Sauerstoff
- 4-8 % Wasserstoff
- Das Wassergehalt schwankt zwischen 20 und 50 %
- Der Rest besteht aus Stickstoff und Schwefel

Das Hauptentstehungszeitalter ist das Tertiär (ca. 65-2,6 Mio. Jahre vor heute).
Das rheinische Braunkohlerevier im Speziellen entstand ausgehend vom Tertiär.
Zu dieser Zeit war die niederrheinische Bucht noch nicht eingesunken. Im Mittel-
oligozän (ca. 33-23 Mio. Jahre vor heute) sank die Bucht ein und das Meer weitete
sich bis in den Bereich Köln/Bonn aus. Durch das Vor- und Zurückweichen des
Meeres entstand ein Netz mit mäandrierenden Flusssystemen, die wiederum weitreichende Deltamündungen besaßen. Im Miozän (ca. 23-5 Mio. Jahre vor heute)
zog sich die Nordsee zurück und unter dem Einfluss des subtropischen Klimas
entstanden mächtige Torfablagerungen, aus denen die heutigen Kohleflöze des
rheinischen Braunkohletageabbaus hervorgegangen sind (Stadt Mönchengladbach 1987, S. 8-12).

2.2 Ressourcen und Bedeutung von Braunkohle als Energieträ-
ger in Deutschland

Die weltweit bekannten und verwendbaren Vorkommen von Braunkohle belaufen
sich auf 275,5 Milliarden Tonnen. Davon befinden sich 33,2 % in Russland, 14,7
% in Deutschland, 13,5 % in
Australien und 11,2 % in den
USA. In Deutschland und in
Polen sind die größten Vorkommen Europas verortet
und so wurden 2011 176,3
Millionen Tonnen Braunkohle
gefördert. Dies entspricht fast
40 % der Primärenergiege-
winnung Deutschlands. 90 %

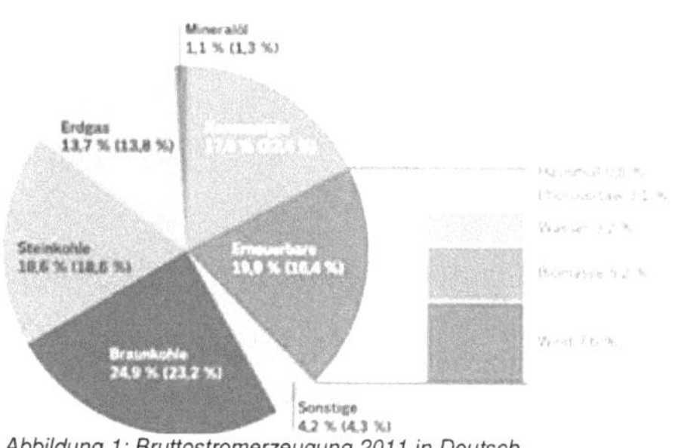

Abbildung 1: Bruttostromerzeugung 2011 in Deutschland (Quelle: Vattenfall 2013.

der gewonnen Menge wurden in Kraftwerken zu Sekundärenergie umgewandelt.

Der Energiegehalt der Braunkohle steht in Abhängigkeit zu ihrer Zusammensetzung. Die in Deutschland geförderte Braunkohle hat im Durchschnitt einen Energiegehalt von 9.000 Kilojoule pro Kilogramm. Dies entspricht in etwa einer Kilowattstunde, was wiederum 7 Stunden „Fernseher gucken" bedeutet. Vor allem die Bedeutung für Deutschland ist nicht zu unterschätzen, da fast jede vierte verbrauchte Kilowattstunde aus Braunkohlehervorgeht (Abb. 1). Die hohe Bedeutung der Braunkohle wird durch die lokale Verfügbarkeit verstärkt, da nicht nur Energie gewonnen wird, sondern auch viele Arbeitsplätze im Braunkohletageabbau entstehen (Vattenfall 2012, S. 6f.).

2.3 Braunkohletageabbau im rheinischen Braunkohlerevier

In der rheinischen Bucht (Abb. 3), wurden 55 Milliarden Tonnen Braunkohle nachgewiesen, davon sind 35 Milliarden Tonnen förderbar. Die vorhandenen Ressourcen werden fast ausschließlich im Tagebau gefördert, da es durch technische Neuerungen möglich ist, bis zu 700 Meter unter Flur zu fördern

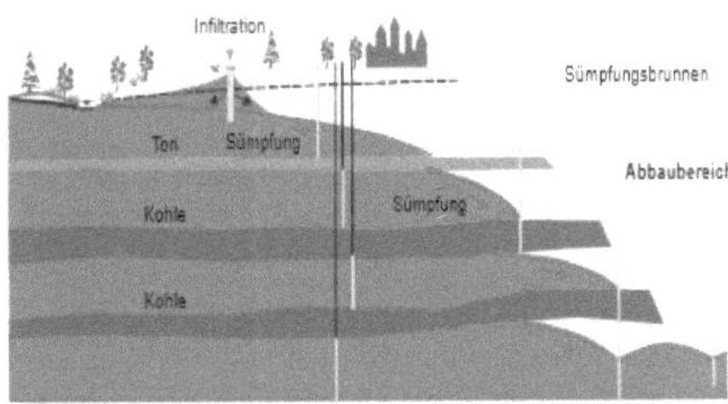

Abbildung 2: Sümpfung im Zuge der Braunkohlegewinnung (Quelle: Landesumweltamt Nordrhein-Westfalen 2004).

(Grabert 1998, S. 227-230). Momentan werden in den drei Abbaugebieten des rheinischen Braunkohlereviers, Garzweiler, Hambach und Inden 100 Millionen Tonnen Braunkohle im Jahr abgebaut. Die oberen Sedimentschichten werden abgetragen und, im Zuge der Sümpfung wird der Grundwasserspiegel gesenkt (ebd.). Um die Braunkohle zu gewinnen, muss das Abbaugebiet bis unter den tiefsten Flöz trockengelegt werden (Abb. 2).

2.4 Folgen und Gesamtauswirkungen des Braunkohletageabbaus

Die Auswirkungen des Braunkohletageabbaus betreffen sowohl die Menschen, die in der jeweiligen Region leben, als auch den Naturraum auf verschiedene Art und

Weise. Dabei wird die Kulturlandschaft, die in Jahrhunderten gewachsen ist, in wenigen Jahrzehnten vernichtet.

Um Flächen für Abbaugebiete zu gewinnen, wurden allein im rheinischen Braunkohlegebiet über 30 600 Menschen (bis dato) umgesiedelt. Dabei geht es nicht nur um das bloße Umziehen, sondern vor allem um die historische und persönliche Verbindung der Bewohner zur Heimat, die äußerst kritisch zu sehen ist. Des Weiteren ist es problematisch alte Friedhöfe, Gebäude etc. pp. umzusiedeln (Terra 2011, S. 40-43). Neben den Einwohnern müssen aber auch Verkehrs- und Versorgungstrassen, sowie ganze Betriebe umgesiedelt werden. Besonders für Landwirte, die auf fruchtbaren Lößboden anbauen, ist dieser Umstand schwer gleichwertig zu ersetzen. Außer Acht gelassen werden darf dabei nicht, dass die nutzungsbeeinträchtigte Fläche weitaus größer ist, als die eigentliche Abbaufläche, da Sicherheitsabstände eingehalten werden müssen (Stadt Mönchengladbach 1987, S. 27f.).

Neben den Folgen für die Anwohner etc. gibt es auch weitreichende Folgen für den Naturraum, hauptsächlich verursacht durch den Prozess der Sümpfung. Davon betroffen ist nicht nur der Grundwasserspiegel, sondern das gesamte hydrologische System, wie Feuchtgebiete, Altarme, Verlandungsteiche, Moore, Bruchwälder, Feuchtwiesen und Fluß- und Bachauen. Dies hat wiederum Konsequenzen für die dort ansässige Tier- und Pflanzenwelt, zumal nach Beendigung der Sümpfung der Grundwasserspiegel anfangs weiter absackt (ebd.).

Nach dem Ende des Abbaus stellt sich das Problem der Wiedernutzbarmachung. Riesige offene Flächen müssen wieder verfüllt werden. In der Regel entstehen dabei große Wasserflächen (Stadt Mönchengladbach 1987, S. 27f.). In Deutschland stellt die Wiedernutzbarmachung den Oberbegriff für die Wiederurbarmachung und die Rekultivierung dar. Unter ersterem versteht man das Handeln der Betreiber vor und während des Abbaus, wie Aufhalden, das Verstürzen erhaltenswürdiger Böden, Einebnen, Grundmelioration im Sinne der Verbesserung der bodenphysikalischen und bodenmechanischen Verhältnisse und Regulierung des Oberflächenabflusses. Die Wiederurbarmachung hat folglich das Ziel, die betroffenen Flächen zu begrünen und einer Nutzung zuzuführen. Die Rekultivierung umfasst alle Maßnahmen, die die spätere Dauernutzung ermöglichen, sie steht in enger Beziehung zur Landschaftsgestaltung. Dazu zählen „alle agrar- und meliorationstechnischen, forstlichen sowie wasserwirtschaftlichen Arbeiten, der Vorfruchtanbau und die Aufforstung mit Pioniergehölzen" (Pflug 1998, S. 1-6).

Zusammenfassend lässt sich sagen, dass der Braunkohletagebau weitreichende Auswirkungen hat, die nachhaltig das Mensch-Umwelt System beeinträchtigen werden. Der Prozess der Wiederurbarmachung bietet viel Konfliktpotenzial. Die erheblichen Auswirkungen können nicht von heute auf morgen beseitigt werden und eine Kulturlandschaft kann nicht am Reißbrett entstehen. Die Betroffenen sind auf der einen Seite die Menschen, aber vor allem die Naturraum bzw. der Wasserhaushalt. Es gilt abzuwägen, wie sinnvoll der Braunkohlentagebau ist und welche Alternativen es gibt.

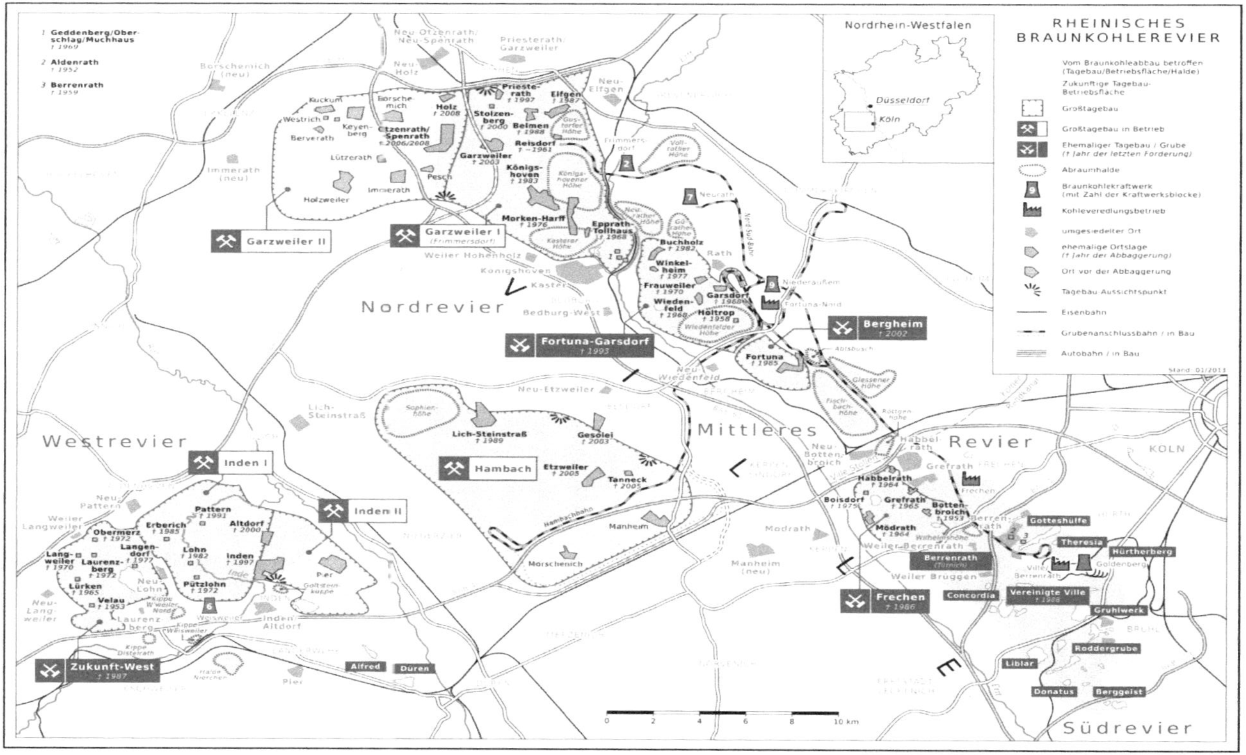

Abbildung 3: Das rheinische Kohlerevier (Quelle: Wikipedia 2013).

3. Einbindung in die Unterrichtsreihe

Die Unterrichtsreihe wird im Rahmen des Themenkomplexes der Wechselwirkungen von natürlichen Systemen und den Eingriffen durch den Menschen behandelt. Konkreter stehen sich dabei die Ressourcengewinnung auf der einen Seite und der Landschaftsschutz auf der anderen Seite gegenüber. Innerhalb der Unterrichtsreihe steht der vorliegende Unterrichtswurf am Ende.

UE	Inhalt
I	Der Einstieg erfolgt über verschiedene Bilder, die die umfangreichen Auswirkungen des Braunkohletagebaus verdeutlichen. Des Weiteren lernen die SuS, wie Braunkohle entsteht.
II	Die SuS erarbeiten die Bedeutung der Braunkohle als Ressource, ihr Vorkommen und Abbaugebiete (speziell in Deutschland das rheinische Braunkohlerevier).
III	Die SuS setzen sich mit dem Abbau und dem Themenkomplex der Sümpfung auseinander. Es erfolgt ein erster Kontakt mit den durch den Abbau verursachten Problemen im rheinischen Raunkohlerevier.
IV	Die SuS nehmen in einem Planspiel die Positionen von Bürgern, Unternehmern/Wirtschaft, Bürgermeister und Umweltschützern ein. Der Abschluss erfolgt durch eine Diskussion mit dem Ziel die SuS für die Folgen und die Möglichkeiten der Wiedernutzbarmachung aus verschiedenen Perspektiven zu sensibilisieren.

4. Didaktische Analyse

4.1 Gegenwartsbedeutung

Das Thema des Braunkohletagebaus am Beispiel des rheinischen Kohlereviers bietet den SuS Einblick in mehrere Grobthemen. Sie kommen dabei mit den sozialen, ökonomischen und ökologischen Folgen in Kontakt, erhalten aber auch Einblicke in die Grundzüge der Thematik der Entstehung und des Abbaus von Kohle, sowie in ihre wirtschaftliche Bedeutung und ihrer Bedeutung als Energiequelle. Kritisch zu beachten ist, dass sowohl Kohle, als auch Energie im Allgemeinen für die Bedeutung der SuS in der Gegenwart unsichtbare Phänomene sind.

Durch die geographische Verortung der Schule im rheinischen Kohlerevier setzen sich die SuS täglich mit der Ressourcengewinnung und Weiterverarbeitung auseinander. Es ist sichtbarer Teil ihrer Lebenswelt und vor allem ein wichtiger historischer Teil der gesamten Region. Sie werden sich deshalb darüber bewusst sein, welche wirtschaftliche Bedeutung dem Braunkohletagebau zukommt. Hinzukommt, dass auch das Thema der Energiegewinnung bzw. der Energieeffizienz die Medien beherrscht und den SuS klar sein wird, welchen Beitrag die Braunkohle leistet. Des Weiteren werden sie sich durch die Medien auch den ökologischen Problemen der Energiegewinnung durch Braunkohle bewusst sein.

Selbiges gilt für die ökologischen Folgen. Die SuS werden ein grundsätzliches Wissen über das Vorgehen beim Braunkohletagebau und der Wiedernutzbarmachung haben, sie werden z.B. den Phönixsee in Dortmund kennen. Wichtig ist, dass die SuS auch als Verbraucher bzw. Energiekonsumenten berührt werden. Jeder verbraucht tagtäglich Energie, weiß aber in der Regel weder, wo sie herkommt, noch welche kurz- und langfristigen Folgen die Gewinnung verursacht. Des Weiteren werden sie bereits mit den Themen Luftverschmutzung und Klimabilanz in Berührung gekommen sein. Innerhalb dieses Themenkomplexes können die SuS ihre Erfahrungen im nachhaltigen Umgang mit Energie nutzen.

Schließlich werden die SuS sowohl durch die geographische Verortung, als auch durch die Medien mit dem Thema der Umsiedlung Erfahrungen gesammelt haben. Eventuell befindet sich sogar in dem Kurs ein indirekt oder direkt betroffener SuS, der von Verwandten oder sich selbst erzählen kann.

Zusammengefasst hat dieses komplexe Thema eine enorme Gegenwartsbedeutung für die SuS und dies auf verschiedenen Wegen. Besonders hervorzuheben ist die Bedeutung durch die Medien, die Verortung in der Lebenswelt der SuS und, dass die SuS als Konsumenten betroffen sind und in diesem Zusammenhang aktive Teilhaber sind.

4.2 Zukunftsbedeutung

Der Themenkomplex der Braunkohlegewinnung im rheinischen Kohlerevier birgt auf vielen Ebenen eine Bedeutung für die zukünftige Lebenswelt der SuS. An diesem Beispiel sollen die SuS erlenen, welche positiven und negativen Aspekte es birgt. Sie werden befähigt, eine eigene Position aufzubauen und aktiv über alternative Vorgehensweisen nachzudenken (dies meint verschiedene Faktoren, wie

Wiedernutzbarmachung, Energieeffizienz von Braunkohle, Folgen des Braunkohletagebaus, wirtschaftliche Bedeutung etc.).

Wenige Themen sind neben der Energiegewinnung von so großer Bedeutung für die Zukunft der SuS. Sie werden aktiv als Verbraucher von Energie angesprochen, was zu einem Überdenken des eigenen Umgangs mit Energie führt. Die SuS wissen, welchen Preis die Natur, aber auch die Menschen, die umgesiedelt werden, dafür zahlen, dass Braunkohle abgebaut werden kann. Sie werden zwangsläufig in der Zukunft damit konfrontiert werden, Stellung zum Thema Energie zu beziehen. Auf einer allgemeinen Ebene werden die SuS dazu befähigt, kritisch mit ähnlichen Themen umzugehen, wenn es z.B. darum geht die wirtschaftliche Bedeutung gegenüber den ökologischen Folgen zu stellen und zu überdenken. Dies führt dazu, dass sie kritisch und reflektiert über ihr eigenes Konsumverhalten, aber auch über die allgemeine Bedeutung der Nachhaltigkeit nachdenken werden. Vor allem hier wird die Bildung für nachhaltige Entwicklung den SuS bewusst.

4.3 Exemplarität

Das rheinische Braunkohlerevier wurde bewusst gewählt, da sich an diesem Beispiel allgemein das Thema des Braunkohletagebaus und seine Folgen erklären lassen, aber vor allem, da es die Lebenswelt der SuS tangiert. Durch die Verbindung zu ihrer eigenen Lebenswelt sind die SuS besonders motiviert und verfügen über ein größeres Vorwissen, als zu anderen Beispielen. Außerdem ist es das bekannteste und größte deutsche Braunkohleabbaugebiet. Dies impliziert seine Bedeutung in den Medien, die den Bekanntheitsgrad und damit die Bedeutung als Beispiel erhöht und dies nicht nur auf nationaler Ebene. Dies bezieht sich auf verschiedene Ebenen des Themenkomplexes, sodass es Berichte über die Umsiedlungen gibt, die ökologischen Folgen, aber auch über die ökonomische Bedeutung. Die Vorgehensweise und Geschichte des rheinischen Braunkohlereviers kann als Paradebeispiel für andere Abbaugebiete gesehen werden und somit kann das Erlernte auch auf andere Abbaugebiete übertragen werden. Dies gilt nicht nur für Braunkohleabbaugebiete, sondern für Tage- aber auch Untertagebau, da die ökologischen Folgen weitestgehend die gleichen sind.

Generell erschließen sich verschiedene Übertragungsmöglichkeiten innerhalb des Mensch-Umwelt Gefüges. Die SuS kommen in Kontakt mit Themengebieten wie

Energieeffizienz, Luftverschmutzung (durch Kohlekraftwerke), Grundwasserverun-
reinigung, Grundwasserspiegelsenkung und seine Folgen, Entstehung von Kultur-
substraten, Zerstörung von einzigartigen Kulturlandschaften, Mit-"Abbau" von
wertvollen Böden, Bodenabsenkungen, Schäden für die Pflanzen- und Tierwelt
und Folgen für das hydrologische System. In diesem Zusammenhang steht auch
die Wiedernutzbarmachung der Flächen. Dies findet schließlich nicht nur im Rahmen des Braunkohletagebaus statt, sondern auch in anderen Wirtschaftszweigen
und kann somit auch übertragen werden.

Neben dem Mensch-Umwelt Gefüge ergeben sich auch Problematiken zwischen
Wirtschaft und den Einheimischen. Dieser sozio-ökonomische Gesamtzusammen-
hang lässt sich auf andere Bereiche übertragen. Es findet eine Sensibilisierung der
SuS für die Vor- und Nachteile statt. Dazu gehört die Verdrängung der Bevölke-
rung, Zerstörung kulturhistorischer Stätten, Schaffung von Arbeitsplätzen und wirtschaftliche Aufwertung der ganzen Region, Braunkohle als unvermeidlicher Ener-
gieträger und die Aufwertung der Bausubstanz durch die Umsiedlung von Siedlun-
gen. Allgemeiner ausgedrückt haben die SuS hier exemplarischen Einblick in die
Abwägung zwischen sozialen und wirtschaftlichen Interessen.

Außerdem eignet sich der Themenkomplex für die Bildung für nachhaltige Entwicklung. Die SuS erkennen wie stark die Disparitäten zwischen Energieversorgung und Natur sind und erschließen, dass auch sie als Konsumenten und betroffener Bürger Teil des Komplexes sind. Durch die verschiedenen Möglichkeiten
der Übertragbarkeit wird der Effekt verstärkt und die SuS erkennen, dass es in
vielen Bereichen, in denen die Wirtschaft auf Natur und die Bewohner trifft, es zu
Disparitäten kommt.

Schließlich können weitere inhaltliche Gegenstände exemplarisch erläutert werden. Dazu zählen Einblicke in die Erdzeitalter, die Entstehung von fossilen Sedimenten und deren Schichtung, Klima- und Umweltschutz etc.

4.4 Struktur

Die Unterrichtseinheit beschäftigt sich mit den Vor- und Nachteilen, sowie den Folgen des Braunkohletageabbaus. Diese sind äußerst komplex und vielfältig und er-
fordern eine klare Strukturierung um sie zu verdeutlichen und ihre Übertragbarkeit
darzustellen.

<u>Erscheinungsebene</u>

Zu Beginn steht die Konfrontation mit den Folgen im Rahmen des Mensch-Umwelt Systems. Die SuS sollen erkennen, dass diese extrem vielfältig sind. Durch Bilder, Statistiken, Aussagen der beteiligten Akteure z.B. aus der Wirtschaft, den betroffenen Bürgern, dem Umweltschutz etc. wird das Interesse der SuS geweckt. Es werden erste Problemfelder angeschnitten, welche die Disparitäten verdeutlichen.

<u>Erklärungsebene</u>

In diesem Schritt werden die Entstehung, die Auswirkungen und die Zusammenhänge der verschiedenen Bereiche und Akteure detailliert behandelt. Die SuS sollen motiviert werden ihren kritischen Blick auf die Inhalte zu schärfen und eine eigene Meinung dazu zur Wiedernutzbarmachung entwickeln. Klares Ziel ist es, dass die SuS erkennen, dass sich alle Bereiche bedingen und jeder seine Vor- und Nachteile hat. Es soll keine konkrete Entscheidung sein, sondern das kritische Denken im Umgang mit Nachhaltigkeit fördern und sensibilisieren. Die SuS sollen vielmehr motiviert werden selbst nach Problemlösungen und alternativen zu fragen, bzw. zu reflektieren, ob es überhaupt der Alternativen bedarf.

<u>Handlungsebene</u>

Die SuS sollen sich überlegen, welche Handlungsspielräume es für die verschiedenen Akteure es gibt und in wieweit es möglich ist, alternative Wege zu gehen. Sie sollen herausarbeiten, wie es möglich ist, nachhaltig mit dem Braunkohletagebau umzugehen.

Die SuS sollen versuchen konkrete Lösungsstrategien zu entwickeln und dies unter der Fragestellung welche alternativen Möglichkeiten es gibt. Des Weiteren soll abgewägt werden, welche Pro Und Contra Argumente es gibt. Schlussendlich sollen sie erkennen, dass es zwar keine patentierten Lösungsstrategien gibt, dass es aber dennoch Ansätze gibt, die auf andere Inhalte transferiert werden können.

4.5 Zugänglichkeit

Die Zugänglichkeit der Thematik ergibt sich auf verschiedene Art und Weise. Im Mittelpunkt steht natürlich die regionale Verortung des Themas. Wie bereits erläutert ist das Thema Braunkohletagebaus und seine Folgen, bzw. die Wiedernutzbarmachung der Flächen täglich für die SuS sichtbar. Dies kann im Unterricht nützlich sein, z.B. wenn man die SuS beauftragt in ihrer Umgebung Leute zu befragen, oder betroffene Orte etc. zu besuchen. Dies kann z.B. auch in Form einer Vorortbegehung geschehen, oder in Form einer Projektarbeit. Des Weiteren ist das Thema im Allgemeinen omnipräsent in den Medien, sodass auch an dieser Stelle die Zugänglichkeit verstärkt wird, da jeder SuS etwas zu diesem Thema sagen kann. Eine weitere Form der Zugänglichkeit ergibt sich durch den SuS als Konsument, bzw. durch die Stimulierung und Bildung seines nachhaltigen Verhaltens. Außer Acht gelassen werden darf jedoch nicht, dass sowohl die Braunkohle, als auch Energie im Allgemeinen eher unsichtbare Themengebiete sind, dies muss bei der Zugänglichkeit bedacht werden.

5. Anbindung in den Lehrplan

Das vorliegende Stundenthema befindet sich im Inhaltsfeld II des Lehrplans für Nord-Rhein Westfalen. Dieses Inhaltsfeld beschäftigt sich mit dem Grobthema der Raumstrukturen und raumwirksamen Prozesse im Spannungsfeld zwischen wirtschaftlichen Disparitäten und Austauschbeziehungen (vgl. Ministerium für Schule und Weiterbildung 1999, S. 12). Die Intention des Inhaltsfeldes ist in diesem Zusammenhang Probleme zu erkennen und zukunftsorientiert zu bewerten. Konkreter ist es der Punkt „e.", also die „Rumbezogenheit und Raumwirksamkeit von Energiegewinnung und –nutzung (ebd.).

6. Kompetenzen und Lernziele

<u>Lerngruppe</u>: Erdkundekurs in der Qualifikationsphase

<u>Thema der Reihe</u>: Braunkohletagebau im rheinischen Kohlerevier – Folgen und Wiedernutzbarmachung

<u>Stundenziel</u>: Die SuS sollen die ökonomischen, ökologischen und sozialen Folgen des Braunkohletagebaus erläutern und die Möglichkeiten der Wiedernutzbarmachung beurteilen.

<u>Kompetenzbezüge</u>:

Sachkompetenz:

Die Schülerinnen und Schüler:

→ Kernprobleme des Braunkohletagebaus erläutern und die Möglichkeiten der Wiedernutzbarmachung beurteilen

→ Beurteilen, warum der Themenkomplex ein Beispiel für das Mensch-Umwelt System ist

<u>Methodenkompetenz</u>:

→ An Hand von verschiedenen Medien die Vernetzung der Kernprobleme des Braunkohletagebaus nachvollziehen und die Einflüsse strukturiert und logisch präsentieren

→ Arbeitsergebnisse begründet und sachlogisch strukturiert beurteilen und präsentieren

<u>Urteilskompetenz</u>:

→ Die Rolle des Menschen bei Eingriffen in ein Ökosystem beurteilen

→ Die Rolle der Braunkohle für die deutsche Energieversorgung bewerten

→ Ambivalenz der Wiedernutzbarmachung bewerten bzw. reflektieren

<u>Handlungskompetenz</u>:

→ Bewusstmachung der Teilhabe durch das eigene Konsumverhalten

→ Sachlich und strukturiert zu dem Thema des Braunkohletagebaus Stellung nehmen

7. Medien und Methoden

Durch die Stellung der Unterrichtsphase innerhalb der Unterrichtsreihe verfügen die SuS über sehr viel Vorwissen. Die Unterrichtseinheit findet im Rahmen des Fachunterrichts statt. Ziel zu Beginn der Phase ist es, das Interesse der SuS zu wecken und induktiv die Vorbereitung des problematisierenden Planspiels zum Abschluss der Unterrichtsreihe zu erarbeiten. Daraus ergibt sich, dass zu Beginn ein Impuls durch verschiedene Fotos bzw. Grafiken gesetzt wird. Die genutzten Grafiken werden aus der Sicht der später folgenden Expertengruppen gewählt, außerdem müssen sie in Verbindung zur Lebenswelt bzw. zur Region der SuS stehen, dadurch werden sie zusätzlich motiviert. Dies könnte z.B. wie folgt aussehen für die Bürger bzw. Umweltschutzseite aussehen:

Abbildung 4: Beispiel für die Sicht der Bürger (Quelle: Deuframat).

Abbildung 5: Beispiel für Auswirkungen auf die Umwelt
(Quelle: TAZ 2012).

Die SuS sollen erkennen, welche beteiligten Akteure es gibt. Durch ein Lehrer-Schüler-Gespräch entsteht eine Mindmap (Wandtafel), die im weiteren Verlauf als roter Faden dient. Dabei wird der bisherige Wissensstand festgehalten. Dieser Schritt baut auf der Hausaufgabe zur dargestellten Stunde auf, da die SuS ihr Umfeld zum Thema der Wiedernutzbarmachung befragen sollten, um erste Eindrücke zu gewinnen. Die Mindmap ist dabei an das Planspiel (Einzel- mit folgender Gruppenarbeit) und seine Akteure angelehnt, damit sie am Ende der Stunde weiter ergänzt werden kann. Dies führt dazu, dass die SuS auf der einen Seite erkennen, was sie dazu gelernt haben und auf der anderen Seite erkennen sie Punkte, die auf andere Themengebiete bzw. Regionen übertragen werden können.

Der Hauptteil der Stunde besteht aus dem Planspiel. Der Lehrer bildet dabei die Gruppen zufällig und schafft eine fiktive Situation, in der die Stadt „Auf der Kohle" ins Rathaus geladen hat, um über den Umgang mit dem Braunkohletagebau zu diskutieren. Anschließend erhalten die Gruppen eine Fülle an verschiedensten Materialien (Zeitungsartikel, Grafiken, Bilder, Tabellen, Flyer von Unternehmen/Umweltschützern etc.), wobei zu beachten ist, dass diese dem Sprachniveau der SuS entsprechen müssen, auch, was die SuS mit Migrationshintergrund betrifft.. Die SuS wählen selbstständig Materialien aus und werten diese in Einzelarbeit aus, bevor sie als Gruppe diskutieren, welche Hauptargumente ihre Quellen liefern (Vorbereitungsphase des Planspiels). In der Einzelarbeit lernen die SuS ihre Quellen zu bewerten und diese durch geographische Arbeitsweisen zu erarbeiten, dies zielt auf selbständiges und eigenverantwortliches Lernen ab. Sie bilden dabei erste Hypothesen, die sie im weiteren Verlauf erst vor ihrer Gruppe und später vor der Klasse vertreten, wodurch soziale Kompetenzen gefördert werden. Dabei werden sie sowohl im Rahmen der Einzelarbeit, aber vor allem während der Gruppenarbeit mit dem Problem der schwierigen Bewertung des Themas des Braunkohletagebaus bzw. der Wiedernutzbarmachung aus der Sicht der verschiedenen Akteure konfrontiert. In der sich anschließenden Podiumsdiskussion (Spielphase des Planspiels/Schülervortrag bzw. Unterrichtsgespräch) werden sie dafür sensibilisiert, wie schwierig es ist einen Konsens zu finden und wie problematisch die Folgen des Braunkohletagebaus sind.

Im Anschluss an die Podiumsdiskussion ist keine konkrete Lösung angestrebt. Die SuS sollen das Gehörte im Plenum reflektieren und die Probleme erkennen (Reflexionsphase des Planspiels/Unterrichtsgespräch). Wie bereits beschrieben, wird durch das Wiederverwenden Mindmap der Lernprozess verdeutlicht, sowie die Übertragbarkeit der Problematik angeschnitten. Außerdem kann im Rahmen der Reflexionsphase auch auf die Kommunikation und auf die Wertigkeit der Argumente der verschiedenen Gruppen eingegangen werden.

8. Unterrichtsverlaufsplanung

Phase und Zeitaufwand	Inhalt
1. Einstieg 5-10. Minute	Der Einstieg soll einen ersten Impuls auslösen und das Interesse der SuS wecken, er dient zur Vorbereitung der später folgenden Expertengruppen. Durch die problematischen Bilder werden erste Fragen aufgeworfen.
2. Erarbeitungsphase I 10-20. Minute	Die SuS bringen durch Fragen oder Ergänzungen zu den Bildern erste eigene Erfahrungen ein und erkennen die Problemstellung. Sie unterscheiden zwischen den verschiedenen Akteuren und bilden erste Hypothesen, die an der Tafel in Form einer Mindmap festgehalten werden.
3. Erarbeitungsphase II 20-50. Minute	Der Lehrer erörtert die fiktive Situation des Planspiels und seine Regeln. Die SuS bearbeiten in Einzelarbeit Quellen zu den verschiedenen Akteuren und ihren Sichtweisen. Dabei halten sie ihre eigenen Ergebnisse schriftlich fest, um eine Grundlage für die folgende Diskussion der Gruppe zu schaffen. Anschließend diskutieren sie ihre eigenen Ergebnisse mit der Gruppe und fixieren schriftliche die wichtigsten Stichpunkte für die folgende Diskussion.
4. Bündelung/Sicherung 50-65. Minute	Es findet eine Präsentation der Gruppenergebnisse statt, bei der jeweils drei Gruppenmitglieder die Hauptargumente ihrer Gruppe vorstellen. Die SuS liefern dabei Pro und Contra Argumente, die in der Mindmap festgehalten werden.
5. Transferphase 65-90. Minute	Den SuS wird im Rahmen einer Diskussion die Möglichkeit gegeben, das Gelernte zu analysieren, und zu erörtern. Die anfangs aufgestellten Hypothesen werden reflektiert. Wünschenswert wäre es, wenn die SuS die Übertragbarkeit des Themas auf andere Räume erkennen würden und Schlussfolgerungen für ihr eigenes Verhalten zögen.

Literaturverzeichnis

Literatur

Bahlburg, Heinrich / **Breitkreuz**, Christoph: Grundlagen der Geologie (3. Aufl.), Würzburg 2008.

Grabert, Hellmut: Abriß der Geologie von Nordrhein-Westfalen, Stuttgart 1998.

Haubrich, Hartwig (Hrsg.): Geographie unterrichten lernen. Die neue Didaktik der Geographie konkret. München, Düsseldorf, Stuttgart 2006.

Ministerium für Schule und Weiterbildung (Hrsg.): Richtlinien und Lehrpläne für die Sekundarstufe II. Gymnasium/Gesamtschule in Nordrhein-Westfalen. Erdkunde. Düsseldorf 1999.

Pflug, Wolfram (Hrsg.): Braunkohlentagebau und Rekultivierung. Landschaftsökologie. Folgenutzung. Naturschutz. Berlin, Heidelberg, New York u.a. 1998.

Rinschede, Gisbert: Geographiedidaktik. Paderborn, München u.a. 2003.

Stadt Mönchengladbach: Braunkohle und Sümpfung. Natur, Landschaft, Ökologie. Auswirkungen des Braunkohlentagebaues auf die Stadt Mönchengladbach. Mönchengladbach 1987.

Terra: Geographie Qualifikationsphase. Oberstufe Nordrhein-Westfalen. Stuttgart 2011.

Internet

Deuframat: Die Folgen des deutschen Ausstiegs aus der Kernenergie, o.O. o. J.:

http://www.deuframat.de/fileadmin/_migrated/pics/abb36.jpg

[abgerufen am 26.03.2013]

Landesumweltamt Nordrhein-Westfalen: Braunkohlenabbau und Grundwasserschutz, Essen 2004:

http://www.lanuv.nrw.de/veroeffentlichungen/infoblaetter/info20/infoblatt20.pdf
[abgerufen am 06.03.2013]

TAZ: Grüne gegen „Alte Rechte", o.O. 2012:

http://www.taz.de/uploads/images/460x229/BRaunkohlE21.jpg

[abgerufen am 26.03.2013]

Wikipedia: Rheinisches Braunkohlevier, o.O. 2013:

http://commons.wikimedia.org/wiki/File:Rheinisches_Braunkohlerevier_DE.png

[abgerufen am: 21.03.2013]